# Adolf Merkel

Rastlos drang dein Geist empor zu den
Höhen der Menschheit,
Freudig und hochgemuth, zugewendet
immer dem Licht,
Da ergriff dich der Tod da zum letzten
Gipfel du anstiegst —
Kann er für immer dem Geist wehren
zur Höhe den Flug?

(Trauerreden gehalten am 1. April 1896.)

Professor D. **Spitta**:

Theure, leidtragende Freunde!

Es bedarf meines Wortes nicht, um uns zum Bewußtsein zu bringen, wie großen Anlaß wir haben, zu trauern und zu klagen. Wir alle haben seit Wochen gebangt um das theure Leben, das nach unendlich schwerem Leiden nun sein Ende gefunden hat. Langsam, Schritt um Schritt, hat der Entschlafene sich von dem übermächtigen Feinde zurückdrängen lassen; mit der ihm eigenen Zähigkeit des Willens hat er mit dem Tode gerungen bis zur letzten Stunde. So sehr ihm das Leben zu einer schier unerträglichen Last geworden war durch die räthselhafte Krankheit, die ihn verzehrte, er hielt dennoch daran fest, wußte er doch, wie große, heilige, theure Pflichten seiner noch warteten. Obenan die seines Berufes. Obwohl sechzigjährig hatte er von einem Nachlassen seiner Geisteskräfte nichts gespürt; jugendlich, elastisch wie seine Gestalt, die sich dem, der ihn einmal gesehen, unvergeßlich einprägte, war auch sein Geist. Was seine Schüler und seine Fachgenossen noch von ihm erwarteten, was er selbst zu leisten noch geplant hatte, das war es, was ihn mit dem Tode hat ringen lassen, bis ein Werkzeug nach dem anderen der müden Hand entfiel.

Noch höher als solche Pflichten des Berufes galten seinem liebevollen Herzen die, welche er Frau und Kindern gegenüber hatte. Mit ehrerbietiger Scheu stehen wir still vor dem Heiligthume seines Familienlebens. Nur andeuten können wir, was er den verwaisten Gliedern seines Hauses war, und wovon sie selbst sagen werden, daß es sich in seiner ganzen Tiefe überhaupt dem Ausdruck durch menschliche Rede entziehe: die liebevolle, im schönsten Sinne des Wortes ritterliche Zartheit, mit der er seine Frau umgeben, besonders in Zeiten des Leidens, also daß sie bekennen konnte, nie sei ein Schatten zwischen sie getreten; die großherzige väterliche Leitung, die seine Söhne von ihm erfahren und die sich von Jahr zu Jahr mehr zu einer vertrauensvollen und hoffnungsreichen Freundschaft umgestaltete!

Diese Lebensaufgaben, die der Entschlafene so ernst und tief auffaßte, sie haben ihn mit dem Tode ringen lassen. Nur Gott weiß, wie sie auf ihm gelastet in den schlaflosen und schmerzensreichen Nächten, wie sie das tiefste Innere seiner Seele erschütterten, wenn sich seine Lippen in wortlosem Gebete bewegten. Viele haben mit ihm die Herzen erhoben zu Dem, in dessen Hand unser Leben steht. Weit war der Kreis derer, die ihn verehrten und liebten, als Freund und Kollegen, als Mitbürger und begeisterten Kämpfer für des Vaterlandes Ruhm und Größe — war e r es doch, der gerade heute vor einem Jahre im Kreise seiner Kollegen dem Ausdruck gab, was an diesem bedeutsamen Tage des Deutschen Brust bewegt. — Nun ist sein Mund verstummt für immer, sein strahlendes braunes Auge geschlossen. So tief wir aber alle davon durchdrungen sind, daß wir den Verlust, den die Seinigen erlitten, nicht zu ermessen vermögen, hier an diesem Sarge, der die edle Hülle einer edlen Seele birgt, können wir nicht schweigen über das, was wir selbst erlitten haben: ja, bis ins tiefste Gemüth sind wir verwundet, unser Herz weint ob des unersetzlichen Verlustes.

Aber können wir nicht darin schon etwas erkennen, das uns aufzurichten vermag in unserem Schmerze? Wir würden nicht so klagen, wäre der Entschlafene nicht uns allen ein so theurer Besitz gewesen. Müssen wir ihn nach höherem Willen jetzt dahingeben, so sollen wir doch nicht nur jammern um das, was wir verloren haben, sondern danken für das, was wir besessen und das, weil es ein Gut war von geistiger Art, uns durch den Tod wohl gemindert, nicht aber ganz entrissen werden kann. Als eine kleine Schaar seiner Freunde vor bald drei Jahren an dem schönen Sommermorgen seiner Silberhochzeit vor seiner Schlafkammer ein frommes Lied anstimmte, dessen Worte uns jetzt wie prophetisch anmuthen, und als er dann heraustrat so jugendlich frisch und mit seiner bezwingenden Liebenswürdigkeit uns begrüßte, da konnten wir mit Fug und Recht das Haus glücklich preisen, dessen Haupt ein solcher Mann durch fünfundzwanzig Jahre hindurch gewesen war. Und ist eben dieses Haus auch jetzt verstört durch seinen Tod, keine Macht der Finsterniß kann das Vergangene ungeschehen machen. Und was er seiner Gattin und seinen Kindern gewesen, das ist so tief mit ihrem Leben verwachsen, daß es wirken und segensreiche Frucht bringen muß, so lange ihnen das Licht dieses Lebens leuchtet.

Freilich, wir alle, die wir aus Erfahrung wissen von den tiefen Wunden, welche der Tod dem Herzen schlägt, wissen auch, daß dem frischen Schmerze jene Erkenntniß schwer faßbar ist. Hier heißt es glauben ohne zu schauen. Aber ist nicht gerade dieser Fall und die heilige Zeit, in der wir stehen, mehr als anderes geeignet, uns die Augen des Gemüthes zu öffnen? Unsere Trauerfeier fällt hinein in die Charwoche. Palmsonntag liegt hinter uns, auf Gethsemane und Golgatha fällt unser Blick; nach solchem Jubel und der Aussicht auf ein scheinbar endloses Glück solch tiefes Leiden und elendes Sterben! Aber gerade von hier ist ein Strom unendlicher Liebe und himmlischen Lichtes ausgegangen über die schmerzensreiche Menschheit, und alle Leidenden haben das Haupt emporgehoben; jetzt muß die Verheißung erfüllt werden: „Selig sind, die da Leid tragen, denn sie sollen getröstet werden.“ Christi Tod soll nach Gottes Willen unser Leiden und Sterben verklären. Und dürfte denn wohl unsere Trauer um einen so liebevollen und selbstlosen Mann eine andere Gestalt annehmen als durchleuchtet und verklärt von der Liebe? Wer aber sich selbst vergessen kann in Liebe und Fürsorge für den andern, der bannt den Schmerz im eigenen Herzen; der knickt nicht zusammen unter dem Leide, noch verbittert sich, sondern wächst wie die Palme unter dem Gewichte und macht die Erfahrung, daß Denen, die Gott lieben, alle Dinge zum Besten dienen.

Das ist unser Wunsch und Gebet für die leidtragende Familie, für uns alle. Ja, wir werden getröstet werden, wenn wir uns beugen, wie unser Herr und Meister, als er den bittern Kelch des Todes hinnahm: „Mein Vater, nicht mein, sondern Dein Wille geschehe“; wir werden unsern Theil haben an dem Frieden, den der sterbende Heiland den Seinen versprochen, und lernen bekennen demüthig und stark: „Der Herr hat's gegeben, der Herr hat's genommen. Der Name des Herrn sei gelobt.“ Amen.

---

Professor Dr. **Lenel:**

Hochansehnliche Trauerversammlung!

Schwer und schmerzlich empfinde ich es, daß ich mein Amt als Rector damit antreten muß, im Namen der Universität Abschiedsworte am Sarg des lieben Freunds zu sprechen. Wohl haben wir Alle Grund zur Klage. Denn es ist Einer dahingegangen, dessen Name unserer Hochschule weit über die Grenzen des Vaterlands hinaus Glanz und Ruhm verlieh, Einer, bei dem es kein leeres Wort ist, wenn ich ihn unersetzlich nenne.

Ihm hatte die Natur die Gabe geschenkt, die auf jedem Gebiet der Forschung die Vorbedingung großer Leistungen ist, den scharfen, in die Tiefe dringenden Blick für die Wirklichkeit der Dinge. Seinem Auge entschleierte sich der Kampf der lebendigen Kräfte, der die Rechtsbildung bestimmt. Die Gefahr, der so viele von uns Juristen erliegen, von vorgefaßten Theorieen aus den Anforderungen des Lebens Gewalt anzuthun, — für ihn bestand sie nicht. Ihm war die Jurisprudenz, gleich den

Römern, eine ars boni et aequi, die Kunst den Streit der Interessen, deren kein der Beachtung werthes ihm entging, durch gerechte Entscheidung zu schlichten, und wenn er es als Rechtsphilosoph von sich wies, einem Idealrecht nachzuforschen, das nie war und niemals sein wird, so hat er dafür die wahren Grundlagen unserer Anschauungen vom Gerechten enthüllt, Licht verbreitet über die allgemeinen Ideen, die dem wirklich geltenden Recht zu Grund liegen und ist der Schöpfer einer Philosophie des positiven Rechts geworden. Und nicht allein in den Problemen, die er gelöst hat, liegt sein Verdienst; als führender Geist hat er der Wissenschaft neue Aufgaben gestellt, an denen das nächste Geschlecht zu zehren haben wird, und erst das kommende Jahrhundert wird von der Gedankensaat, die er gestreut, die volle Ernte ziehen.

Am Sarge des Gelehrten, des Denkers Merkel, trauert die ganze deutsche Juristenwelt. Wir, die Kaiser-Wilhelms-Universität, betrauern nicht minder den Verlust des ausgezeichneten Lehrers. Nicht für Jedermann freilich waren seine Vorträge. Wer in der Vorlesung nur bequeme Vorbereitung zum Examen suchte, der fand seine Rechnung bei ihm nicht. Er gehörte nicht zu den Lehrern, die ihre Hörer über die Schwierigkeiten hinwegtäuschen. Tief führte er den Studirenden in die Grundfragen wie in das Für und Wider der Controversen ein und suchte ihn vor allem zu eignem Denken zu erziehen. Wissenschaft mußte suchen, wer Merkel's Vorlesungen recht würdigen sollte. Wer aber in diesem Sinn studirte, dem ward unschätzbare Anregung in seinen Vorlesungen, der pflegte mit Begeisterung von ihnen und von ihm zu sprechen.

Er durfte viel von seinen Hörern fordern; denn er forderte mehr noch von sich selber. Sein Lehrberuf war ihm heilige Pflicht, der er sich auch dann nicht entzog, als der Rath der Freunde ihn dringend und immer dringender zurückzuhalten suchte. Schon von der unheimlichen Krankheit ergriffen, schon von der Hand des Todes gezeichnet, schleppte er sich fiebernd zum Collegiengebäude, um seinen Schülern sein Wort zu halten, und mit eisernem Willen führte er seine Vorlesung durch, bis er buchstäblich zusammenbrach, ein Opfer der Berufstreue, uns Allen ein ergreifendes Vorbild. Damals trat es auch denen, die Merkel im Leben ferner standen, vor Augen, aus welchem Metall sein Wesen geprägt war. Wir, die wir uns seine Freunde nennen durften, brauchten nicht erst jetzt zu lernen, daß sein Charakter seinem Geiste ebenbürtig war. Er war nicht rasch zum Entschluß. Naturen, die gleich ihm, im Leben wie in der Wissenschaft, in jeglichem Ding das Für und Wider bedächtig überschauen, schreiten nur zaudernd zur Entscheidung und zur That. Aber wo er den rechten Weg erkannt zu haben glaubte, da ging er festen Schrittes seine Bahn, mit Einsetzung seiner ganzen Persönlichkeit, ohne Furcht und ohne schwächliche Rücksicht, und verächtlich vor Allem war ihm die Rücksicht, die die Mehrzahl der Menschen beherrscht, die gemeine Rücksicht auf sich selbst.

Ehrfurchtgebietend erscheint mir sein Bild in der Erinnerung. Und doch wie anspruchslos liebenswürdig wußte sich dieser selbe Mann zu geben, wie war er voll herzlichen Wohlwollens für Alle, die ihm näher traten, wie spendete er freiwillig von den Schätzen seines Geistes, wie wußte er ernst mit den Ernsten, fröhlich mit den Fröhlichen zu sein, wie war sein Gespräch durch schalkhaften, niemals verletzenden Humor belebt!

Wir werden seine Stimme nicht mehr hören, nicht zu ernster, nicht zu heiterer Rede; wir werden ihn nicht mehr sehen, den Mann mit der hohen wundervollen Stirn, dem leuchtenden Auge, dem feinen Lächeln, das seine Lippen auch in den letzten Leidensmonden noch umspielte. Nur sein Gedächtniß ist uns geblieben und das Bewußtsein, das unsere Trauer mildert und verklärt, das Bewußtsein, daß er unser war, daß wir ihn besessen haben. Er ruhe sanft von seinen Leiden. In uns aber lebe sein Vorbild als das eines ganzen Menschen fort; als theures Vermächtniß nehmen wir dies Andenken von seinem Sarg hinweg.

---

Professor Dr. O. Mayer:

Als Vertreter der rechts- und staatswissenschaftlichen Fakultät der Kaiser-Wilhelms-Universität bin ich berufen, dem theuren verewigten Kollegen noch einen besondren Abschiedsgruß zu sagen. Unser war ja vor Allem der Stolz und die Ehre, daß er der Straßburger Hochschule angehört hat; und wenn der Todestag von Adolf Merkel ein Trauertag ist für die ganze deutsche Rechtswissenschaft, so ist er's für unsere Fakultätsgemeinschaft noch in ganz eigener Weise. Denn ob seine fleißige Feder ruht, so bleibt doch erworben, was sie geschaffen hat. Wir aber, seine unmittelbaren Arbeitsgenossen, wir haben ein unwiderbringliches Gut verloren, das wir voraus hatten: die lebendige Quelle geistiger Kraft, die aus seinem persönlichen Umgang floß.

Er war ein reicher Mann im Staate der Wissenschaft, der reichsten einer. Wenige aber haben die Fähigkeit, and're mit genießen zu lassen von ihrem Reichthum, die er in so hohem Grade besaß, im einfachen Gespräch, im hingeworfenen Wort, im stetigen Einfluß der ganzen wissenschaftlichen Persönlichkeit, die auch die Genossen unmerklich emporzieht.

Die besondere Natur seiner Begabung mußte ihm schon von vornherein einen ganz eigenartigen Werth für das Ganze geben; er war der geborene Vertreter gerade solcher Seiten unseres Gemeinlebens, die in der Zeitströmung wohl am leichtesten gefährdet erscheinen und die doch nimmermehr zurückgesetzt werden dürfen. Wir sind keine bloßen Schulen für das unmittelbare Bedürfniß des Alltaglebens. Die juristische Geistesbildung ist das Erste. Die praktischen Geschicklichkeiten finden sich dann schon dazu. Nicht alle sind wir berufen, in so ausgeprägter Weise den Gegensatz zu veranschaulichen, wie Merkel es that; es gibt Artverschiedenheiten. Aber nothwendig sind solche Erscheinungen, wie er eine war, sie sind das Salz der Fakultät, das den Körper gesund erhält. — Die wachsende Mannigfaltigkeit des Stoffes hat auch bei uns zu einer großen Spaltung der Arbeitszweige geführt, wir werden mehr und mehr Spezialisten, jeder für sein Fach. Es ist nothwendig, daß diese Grenzen nicht erstarren, sondern hie und da durchbrochen werden. Wenn kleinere Geister das thun, so führt es freilich gern zu dilettantischer Oberflächlichkeit. Dazwischen kommt aber wohl ein Mann, der weitschauenden Blickes die großen gemeinsamen Ideen zu erkennen vermag, um dann mit Sicherheit herunterzusteigen in die Einzelheiten der verschiedenen Gebiete. Ein solcher war unser Merkel. Für welches Fach hat er sich nicht interessirt? Wo hat er nicht Beobachtungen eingeheimst und Stoff gesammelt zum Einfügen in das wohlgeordnete Ganze seiner Gedankenwelt? Wir berührten uns alle mit ihm. Stets konnte man sicher sein, bei ihm die regste Theilnahme zu finden für jede Frage aus den verschiedenen Forschungsgebieten, die jeden gerade beschäftigte. Er war sofort und ohne Weiteres in Mitarbeit zu versetzen. Und in welche Mitarbeit! Da stieß man nirgends auf ein zähes Schema, auf eine festgewurzelte Auffassung, an die er sich geklammert hätte; es war als wenn er immer selbst wieder von vorne anfinge, um frei und neu die Wahrheit mit suchen zu helfen. Und wie verstand er zu hören! Wie nahm er alles an, so sorgsam, so ruhig mitgehend, daß man oft sich täuschen konnte und glauben, man habe ihn im lebhaften Drängen schon herübergezogen zur eigenen liebgewonnenen Meinung. Da kam aber wohl auf einmal ein kurzer Einwurf, der die Sache sofort in ein ganz neues Licht setzte: er hatte in aller Stille noch ein gut Stück weiter gedacht, als sein Gegenüber. Ueber dem Allem war nun aber erst noch das gebreitet, was nicht blos den Fachgenossen bemerkbar war, sondern jedem sich kundgeben mußte, der mit dem seltenen Mann in Berührung kam: diese vollendete Liebenswürdigkeit, die feinste Form der Rücksichtnahme, die in solcher Sicherheit und Selbstverständlichkeit an ihm erschien, wie sie nur auf dem Boden einer echten und tiefen Herzensgüte erwachsen kann. Das war die Charis, die sichtbar um sein Haupt gegossen war.

So war er unser und so blieb er es die Jahre hindurch, trotz der Versuche, die von anderen größeren, wenigstens der Studentenzahl nach größern, Hochschulen gemacht wurden, ihn wegzuziehen. „Euer unerreichbarer Merkel", so schrieb mir bei einer solchen Gelegenheit ein auswärtiger Kollege. Euer unerreichbarer Merkel! Nun hat der Tod ihn erreicht und hat uns hierher geführt an diese seine Bahre und an die Pforten der Ewigkeit, hinter denen all unser Stolz, all unser Verehren und Bewundern verschwinden. Wir stehen hier und trauern um so viel des Guten und Schönen, das uns in diesem Manne entrissen ist, und können doch nicht anders als zugleich danken, danken aus Herzensgrund, daß er uns gegeben war. Sein Bild, das bei uns lebendig bleibt in treuem Gedenken, wird ein Segen sein für unsere weitere Arbeit.

---

Geh. Hofrath Professor Dr. **Binding**:

Theuerster Freund!

Wie manchmal ist uns in früheren Jahren vergönnt gewesen, uns um die Osterzeit Auge in Auge zu sehen! Und noch vor Kurzem habe ich mich gleicher Hoffnung getröstet. Heute aber stehe ich an deinem Sarge — tief erschüttert von dem viel zu frühen Hingange eines mir Theuren, eines uns Unentbehrlichen!

Aber nicht als Freund darf ich hier reden. Ich stehe hier — wenn schon ganz ohne Auftrag — im Namen einer großen unsichtbaren Gemeinde, die sich heute im Geiste an dieser Stätte der Trauer versammelt: der Pfleger der deutschen Rechts-, besonders der Strafrechts-Wissenschaft — und nicht nur der deutschen: denn dein Name und deine Werke haben unsere Grenzen siegreich überschritten!

So ist mein Wort ein Wort des Dankes und ein Wort des Wunsches in ihrem Namen!

Sollte ich deinem Wesen und Wirken den Wahrspruch suchen, ich möchte die beiden Worte: altiora peto! In terra justitiam peto! In der Höhe winkt mein Ziel — auf Erden aber war es die Gerechtigkeit!

Wie ehrlich, wie unablässig, mit wie heißem Bemühen hast du nach den Gipfeln gerungen — oft fast zu energisch und zu unermüdlich für den zarten Körper, der wohl deshalb zu früh erlag!

Wie bist du eingedrungen in das Wesen der Gerechtigkeit und hast sie verstanden und gefordert für jede Ansicht, für jedes Streben, für jeden Menschen — nicht am wenigsten auch für den Verbrecher, dessen schwere That, dessen mit Recht schweres Loos dein Denken während deines Lebens am meisten beschäftigt haben!

Deinem Streben war die Erfüllung gegönnt!

Niemand hat uns wie du neue Bahnen eröffnet — durch eine köstliche Verbindung feuriginnigen Eindringens in die Ansichten Anderer, treffendster, aber nie verwundender Kritik und eine Fülle eigener weittragender Gedanken!

So hast du ein Werk der Klärung vollbracht, wie Keiner neben dir und nur Wenige vor dir, und wir Alle sind deine Schüler geworden!

Der Adel aber, den die Wissenschaft jedem ihrer echten, demüthigen Jünger verleiht, — er liegt ausgebreitet über allen deinen Werken und wir Alle haben uns daran erbaut. Kein gewöhnliches — geschweige ein unschönes Wort ist je aus deinem Munde gegangen, wohl aber eine Fülle schöner und tiefsinniger, deren Schätze nur zum Theil schon gehoben sind.

Allseitig warst du wie Wenige unseres Standes! Nicht nur den höchsten und schwersten Aufgaben des Strafrechts bist du wieder und wieder nachgegangen und hast sie gefördert nach deiner Kraft: du sahst das Strafrecht auch in all seinen Verzweigungen mit dem übrigen Rechtsstoffe; das Ganze des Rechtssystems lag so klar vor deinem Auge, daß du nach Meisterart seinen Aufriß im kleinsten Maßstab musterhaft zu zeichnen vermocht hast. Aber mehr als das! Auch die tausend Verbindungsfäden von Recht und Staat, von Recht und Kultur bei deinem Volke, bei der Volksgemeinschaft — du hast sie gesucht und zu finden verstanden!

Nicht nur der erste, sondern auch der universellste Strafrechtslehrer ist uns in dir gestorben! Unsere Trauer über den Verlust des *Gelehrten* wird aber noch verschärft durch die über den Verlust des *Menschen*!

Reich wie dein Geist war dein Gemüth — rein und kräftig wie dein Denken war deine Empfindung — gleich frei von Sentimentalität wie von Härte. Unwandelbar treu wie deiner Wissenschaft bist du den Menschen geblieben, die dein Herz umschloß. Nie hast du andere als große Anforderungen an dich gestellt, nie in kleinem Stile gearbeitet, nie dabei an den eigenen Lohn gedacht. Selbstlos hast du in der Förderung Anderer deine Freude gefunden. Den Gegnern warst du gerecht, mild gegen die Schwächen der Anderen. So konntest du segensreich vermittelnd zwischen großen Gegensätzen stehen und wirken!

Um so schwerer werden wir dich vermissen! Große Gefahren sind neuerdings über unsere Wissenschaft heraufgezogen. Niemand hat sie klarer erkannt wie du!

Laß uns, du Theurer, deinen Geist, der unentwegt mit Aufgebot aller Kraft nichts als die Wahrheit suchte, — laß uns den Adel seiner Gesinnung als Erbtheil: wir werden Beider bedürfen!

Für das aber, was du uns warst, empfange das Zeichen des Dankes — das Einzige, das wir dir noch zu bieten vermögen.

Im Namen unserer Wissenschaft lege ich den Kranz des Lorbeers — den so oft mißbrauchten — als voll verdient auf den Sarg

Adolf Merkels.

Neueste Nachrichten, Straßburg

www.ingramcontent.com/pod-product-compliance
Lightning Source LLC
La Vergne TN
LVHW092104300926
849161LV00002B/29